地球不能没有动物

地球不能没有长臂猿

林育真 / 著

山东教育出版社
·济南·

和在地面活动的动物不同，长臂猿靠着有力的双臂，终日穿梭在林木间。

攀缘摆荡出场来

森林中的“体操健将”长臂猿出场了！光听“长臂猿”这个名字，就知道它们是“胳膊特别长的猿类”。不错，长臂猿的手臂（前肢）明显比腿脚（后肢）长，手掌也比脚掌长。

猿和猴不一样

猿类和猴类合称“猿猴类”，这是通俗叫法，其学名是“灵长类”。从名字就能看出，猿猴比其他动物更有灵性。长臂猿属于灵长类动物，但要记住，它可不是猴子哦。凡是猴类都有尾巴，而猿类都没有尾巴，这是猿和猴最明显的区别。

灵长类

指具有灵性的最高等的哺乳动物。它们的共同特点是：大脑发达，眼眶朝前，拇指灵活。全世界约有500多种灵长类动物，如狐猴、眼镜猴、猕猴、狒狒、金丝猴等猴类，以及长臂猿、猩猩等猿类。我们人类也属于灵长类。

我是长尾猴，尾巴长得惊人哦。

我是狐猴，虽然我的脸看起来像狐，但我真的是猴子，你看我的长尾巴多美！

我是眼镜猴，眼睛又大又圆，夜里捕食就靠它。

注意

本页展示的动物都属于猴类哦！

我们狒狒也属于猴类，不过和那些喜欢爬树的猴子不同，我们喜欢聚集成群在地面活动。

长臂猿与智力比它更高的猩猩、大猩猩和黑猩猩同属于“类人猿”。

类人猿

指以下四类高等猿类：体形较大的猩猩、大猩猩和黑猩猩，以及体形较小的长臂猿。它们比其他灵长类动物的大脑更发达，智力更高，是最接近人类的高等灵长类动物。

比一比

了解长臂猿与其他类人猿的主要区别。

猩猩身上的毛又多又密，呈红褐色，又被称作红毛猩猩。

黑猩猩体毛呈黑色，耳朵很大，是动物界的智力冠军，表情也最丰富。

大猩猩高大魁梧，身高可达 1.8 米，体重超过 200 千克，是名副其实的大力士。

家族与分布

全球共有 17 种长臂猿，都分布在南亚和东南亚地区，生活在热带雨林及亚热带常绿阔叶林。在我国境内，生活着黑冠长臂猿、白掌长臂猿、白颊长臂猿和白眉长臂猿等 6 种长臂猿。它们主要分布于云南省和海南省，生活在有常绿阔叶林的山区。

世界长臂猿分布图

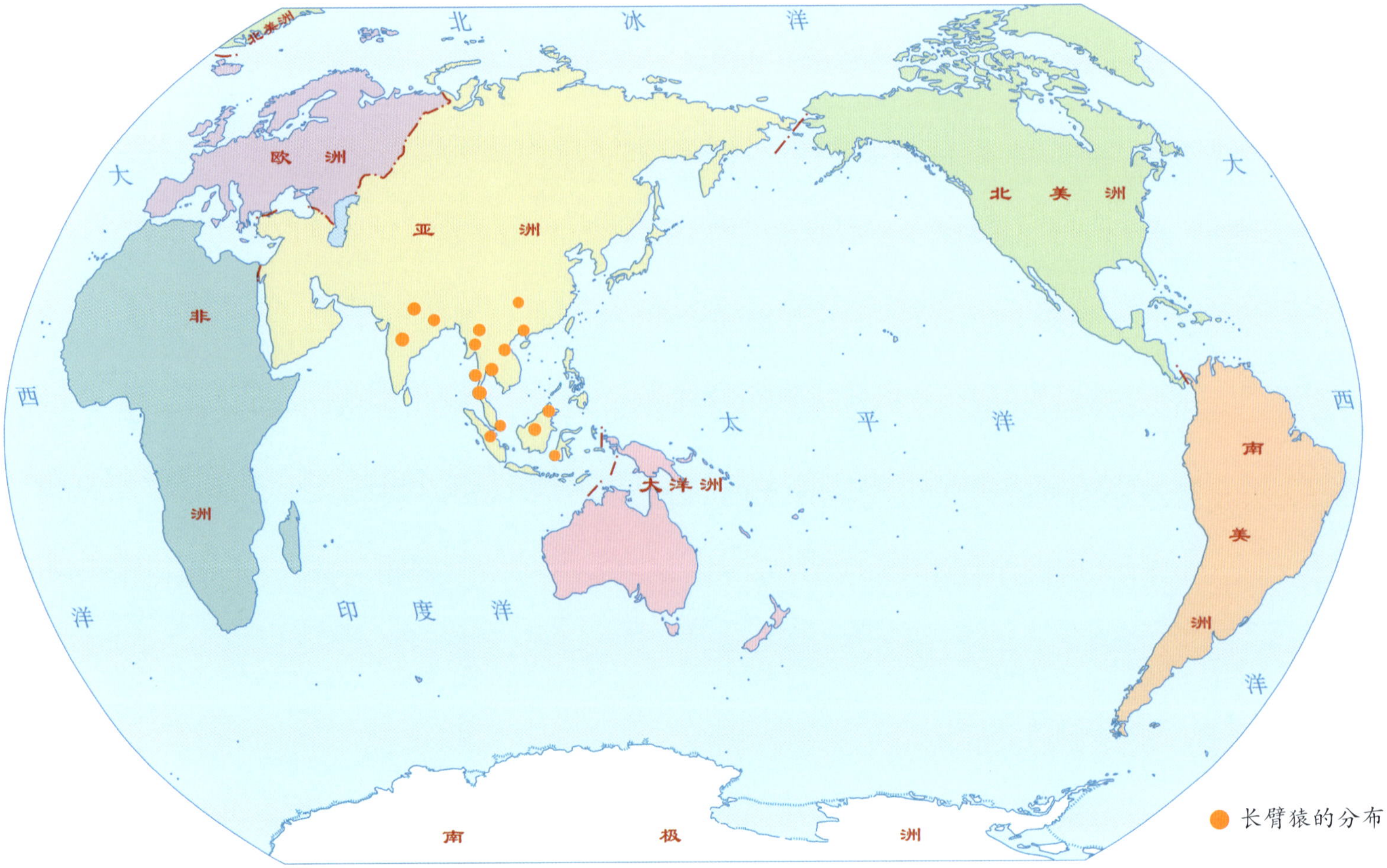

黑冠长臂猿

白颊长臂猿

白掌长臂猿

白眉长臂猿

2002 年，我国发行了一套以长臂猿为主题的邮票。可惜现在我国这四类长臂猿均属濒危物种，都被列为国家一级保护动物。

中国原本是长臂猿种类丰富的国家。唐朝诗仙李白有名句：“两岸猿声啼不住，轻舟已过万重山。”诗句中的“猿声”指的就是长臂猿的叫声，这说明在一千多年前，长臂猿曾遍布我国长江以南。

这幅《戏猿图》由明宣宗朱瞻基所绘，现藏于台北故宫博物院。画中溪水石块间有大小三只猿在嬉戏，生动地描绘了当年三峡地区长臂猿的自然生态。

不同种类的长臂猿在体形、面貌及毛色等方面存在明显差别，人们通过观察其外貌特征就能分辨出它们属于哪种长臂猿。

图中是一对亲密的黑冠长臂猿，雌雄二者的毛色不同，这种现象叫作“雌雄两态”。雄猿全身长着黑毛，头顶有簇直立的冠毛；雌猿毛色以棕黄色为主，头顶有一块黑色冠斑。

雄性白颊长臂猿全身长着黑毛，脸颊上有两撮显眼的白毛。

“雌雄两态”

指同种动物的雌性与雄性个体在外形上存在明显的差异，如长臂猿、狮子和孔雀等。

雄性白眉长臂猿全身呈暗褐色，眉毛是浓浓的白色。

白掌长臂猿的手掌和足掌呈白色，就像分别穿戴着白手套和白袜子。它的面部有一圈白毛。

孔雀是“雌雄两态”的鸟类。

身体结构与特殊习性

超长的双臂是长臂猿最显眼的标志。它们体形小，各种长臂猿站立时的高度都不超过 90 厘米；它们的体重因种类或性别有些差异，但都在 6-13 千克的范围内。长臂猿是轻盈灵巧的树栖猿类。

这只一岁左右的幼长臂猿，走路时担心长胳膊碰到地面，干脆把双手举到了头顶。

野生长臂猿吃、住、休息等日常活动几乎都在树上进行。它们偶尔下地行走时，显得有些笨拙，两条长臂不知该怎样安放才好。

长臂猿两臂伸展开的长度是其身高的两倍，大拇指和其余四指能对握，可以像钳子般牢牢地握住树枝。攀树时它手脚并用，大脚趾和其余四趾也可以分开夹牢树枝，又快又稳。

臂长腿短，手掌比脚掌长，手指修长，肩部宽而臀部窄，这样的身材使长臂猿成为森林中来去自由的精灵。

我们像风一样自由，
就是人猿泰山来了也
追不上我们！

这种用双臂交替摆荡前进的独特“臂行法”，让长臂猿看起来仿佛在林间飞翔。它们也确实能快如闪电地凌空飞跃，有时甚至能腾出一只手捕捉飞鸟。

如果两树之间相距 3–5 米，长臂猿能轻而易举地一跃而过。长臂猿大力地腾空飞跃，能一下跃进十几米。

怀有身孕的母长臂猿，照样可以灵巧地攀爬活动，“臂行”无阻。

即便是最灵巧的猴子也要四肢并用，才能在藤蔓上前进，但长臂猿只需用两只脚的脚趾夹牢藤蔓，抬起双臂辅助平衡，便能迅速在藤蔓上行进。它们是天生的“高空钢丝杂技演员”。

走在林中的藤蔓上，长臂猿如履平地。

长臂猿喜欢采食树林中的多种果实、嫩叶、树芽和花苞，尤其爱吃无花果和榕树的果实。它们有时也会捕食昆虫、蜘蛛，或捡拾鸟蛋换换口味。

长臂猿的喉部有音囊，善于鸣叫，而且鸣声有曲调，仿佛在唱歌。有的种类的长臂猿音囊很大，鸣声尤其响亮。长臂猿通过鸣唱和呼叫，彼此之间进行远距离联络和沟通。

合趾长臂猿高歌时，光滑的音囊胀得圆鼓鼓的，能使鸣唱声变得极其响亮。

每种长臂猿的鸣唱声都是独有的，同种之间才能识别和沟通。对生活在密林中的动物来说，声通信很有用。处在繁殖期的长臂猿歌声最响亮，它们靠鸣声传情达意，从而结为伴侣。

长臂猿每天清晨开始高声鸣唱，先由一只猿领头开唱，这算是“独唱”。接着，几对雌、雄猿开始各自的“二重唱”。随后，四周群猿一起参与大合唱。

在所有类人猿中，只有长臂猿睡觉时不搭窝，林木就是它们的天然“床铺”。白天，它们在林冠层寻找食物、互相嬉戏或梳理毛发；夜晚，它们依然待在树上，或坐在树枝上休息，或靠在树杈上入睡。

结束了一天的活动，长臂猿一家回到自己的领地，准备休息。

长臂猿族群性很强，每个家族群有3–5只成员，能在一起生活很长时间。群体的核心是一对成年的雌雄猿，其余的成员为未成年的幼猿和刚出生的幼崽。每个家族群都占有一片固定的领地。

白颊长臂猿父母精心呵护着它们的孩子。

养育宝宝

长臂猿的家族关系稳定，结为伴侣的雌雄长臂猿互相关心，并共同养育宝宝，是相亲相爱的一家人。

刚组建成家庭的一对雌雄白颊长臂猿拥抱在一起，满怀希望地等待小宝宝诞生。

雌性长臂猿通常每两年生育一胎宝宝，孕期约 210 天。这只怀孕的雌性长臂猿正在高声呼唤它的伴侣。

长臂猿宝宝终于出生了。新生的长臂猿宝宝只有300 克左右，和一个苹果的重量差不多。在这个小家庭里，长臂猿爸爸是首领，负责保卫领地和食物资源，长臂猿妈妈则主要负责照顾孩子。

长臂猿宝宝正依偎在妈妈怀中，美美地吃奶呢。

长臂猿妈妈去哪里都会带着自己的孩子。当长臂猿妈妈在林间摆荡“臂行”时，长臂猿宝宝会紧紧贴着妈妈的身体，牢牢地抓着妈妈不放手。

长臂猿宝宝由母猿哺乳并精心照料，直到一两岁才能独立生活，七八岁性成熟后才能组建新的家庭继续繁衍后代。

生存危机

长臂猿对生存环境有严格的要求，只有原生态、植物种类多样性高的热带雨林或亚热带常绿阔叶林，才能提供给它们适宜的生活条件。由于过度开发或人为破坏，致使长臂猿生活的森林面积缩减，失去了赖以生存的家园。

野生长臂猿通常生活在 15 米以上的乔木林冠层或中上层，很少到 5 米以下的小树或灌木上活动。

森林被毁，何以为家？

长臂猿的分布区域狭小，栖息环境特殊，一旦自然生态遭到破坏，它们的数量必定锐减。目前，在我国长臂猿已成为比大熊猫更稀有的最濒危物种。因此，只有保护好结构完整的原始森林，才能使长臂猿继续繁衍生息。

类人猿是人类的近亲，长臂猿是小巧灵动的类人猿，它们使森林充满生机，使动物世界更加丰富多彩。保护长臂猿是人类的责任！

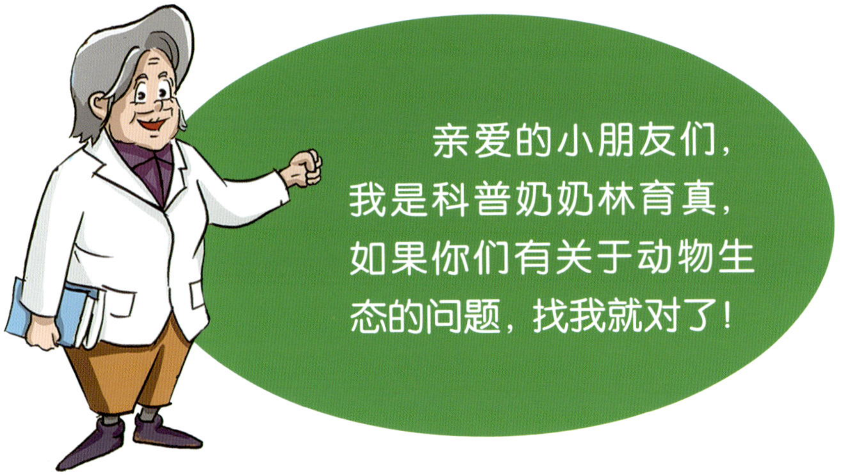

很高兴认识你们！这套《地球不能没有动物》系列科普书是我专门为小朋友创作的“科”字当头的动物科普书，融科学性、知识性和趣味性为一体。

读完这本书，希望你至少记住以下科学知识点：

1. 学会区分猴类和猿类，理解灵长类和类人猿的概念。

2. 长臂猿是原始且体形最轻巧的类人猿，智力比猩猩等大型类人猿低，但比猴类高。

3. 长臂猿一生都生活在天然热带雨林或常绿阔叶林的树顶林冠层，是绿树林海中的“自由精灵”，它们独特的“臂行法”堪比飞鸟。

4. 人类对森林的过度开发使长臂猿失去家园。如今所有种类的长臂猿全部被列入《世界自然保护联盟》濒危物种红色名录，我国的长臂猿均被列为国家一级重点保护野生动物。

《世界自然保护联盟》把每年 10 月 24 日设为长臂猿纪念日。作为个人，为了保护长臂猿，我们应该做到：

1. 认识长臂猿，了解长臂猿，懂得保护长臂猿就是保护自然生态，就是保护绿色家园。

2. 主动向家人、同学和朋友宣传讲解保护长臂猿的重要意义，吸引更多人关注长臂猿的保护事业。

3. 积极参加保护长臂猿的相关公益活动。

4. 到动物园、自然保护区或国家公园观赏长臂猿要遵守规则，尊重动物，不可捉弄、惊吓动物，不乱投喂食物。

图书在版编目（CIP）数据

地球不能没有长臂猿 / 林育真著 . —济南 ：山东教育出版社，2020.7（2025.5 重印）

（地球不能没有动物）

ISBN 978-7-5701-0690-5 / 01

Ⅰ . ①地… Ⅱ . ①林… Ⅲ . ①长臂猿 – 普及读物

Ⅳ . ① Q959.848-49

中国版本图书馆 CIP 数据核字（2019）第 148240 号

责任编辑：周易之 顾思嘉
责任校对：薄子桓
装帧设计：儿童洁 东道书艺图文设计部
内文插图：李 勇

地球不能没有长臂猿
DIQIU BU NENG MEIYOU CHANGBIYUAN
林育真 著
主管单位：山东出版传媒股份有限公司
出版发行：山东教育出版社
地 址：济南市市中区二环南路2066号4区1号 邮编：250003
电 话：（0531）82092660
网 址：www.sjs.com.cn
印 刷：山东华立印务有限公司
版 次：2020年7月第1版
印 次：2025年5月第2次印刷
开 本：889mm × 1194mm 1/12
印 张：3
字 数：30千
定 价：38.00元
审 图 号：GS（2020）3298号

（如印装质量有问题，请与印刷厂联系调换。）
印厂电话：0531-76216033